CONTRIBUTIONS A LA FAUNE MALACOLOGIQUE FRANÇAISE

IV

SUR LA PRÉSENCE

D'UN CERTAIN NOMBRE

D'ESPÈCES MÉRIDIONALES

DANS

LA FAUNE MALACOLOGIQUE DES ENVIRONS DE LYON

PAR

ARNOULD LOCARD

LYON

IMPRIMERIE PITRAT AINÉ

4, RUE GENTIL, 4

1882

SUR LA PRÉSENCE

D'UN CERTAIN NOMBRE

D'ESPÈCES MÉRIDIONALES

DANS LA FAUNE MALACOLOGIQUE DES ENVIRONS DE LYON

Extrait des *Annales de la Société Linnéenne de Lyon*
tome XXIX, année 1882

CONTRIBUTIONS A LA FAUNE MALACOLOGIQUE FRANÇAISE

IV

SUR LA PRÉSENCE

D'UN CERTAIN NOMBRE

D'ESPÈCES MÉRIDIONALES

DANS

LA FAUNE MALACOLOGIQUE DES ENVIRONS DE LYON

PAR

ARNOULD LOCARD

LYON
IMPRIMERIE PITRAT AINÉ
4, RUE GENTIL, 4
1882

CONTRIBUTIONS A LA FAUNE MALACOLOGIQUE FRANÇAISE

IV

SUR LA PRÉSENCE

D'UN CERTAIN NOMBRE

D'ESPÈCES MÉRIDIONALES

DANS

LA FAUNE MALACOLOGIQUE DES ENVIRONS DE LYON

Il y a quelques années, nous avons déjà signalé dans une petite notice (1) la présence d'un certain nombre d'espèces malacologiques, faisant normalement partie de la faune littorale méditerranéenne, et qui, remontant la vallée du Rhône, étaient parvenues, soit naturellement, soit artificiellement, jusqu'aux environs immédiats de la ville de Lyon. Nous citions notamment les *Helix trochoïdes* Poiret, *H. acuta* Müller, et *Pupa quinquedentata* Born. Depuis lors, de nouvelles recherches nous ont permis d'augmenter cette liste dans de notables proportions.

Estimant qu'il serait intéressant pour l'histoire de la faune malacologique lyonnaise, de relever des faits aussi curieux, nous nous proposons, dans ce nouveau travail, de donner l'énumération de toutes les formes propres à la faune méridionale dont la présence a été constatée jusqu'à

(1) A. Locard, 1878. *Note sur les migrations malacologiques aux environs de Lyon*, 1 br. gr. in-8°, Lyon.

ce jour aux environs de Lyon. Nous rechercherons en même temps la date de leur apparition première dans ce nouvel habitat, et quelles causes ont pu présider à ce mouvement migratoire.

HELIX RUBELLA, Risso

Theba rubella, Risso, 1826. *Hist. nat. Eur. mérid.*, IV, p. 75, n° 169.
Helix rubella, LOCARD, 1882. *Prodr. malac. franç.*, p. 63.

Nous suivrons comme ordre, dans l'énumération des espèces, celui que nous avons adopté dans notre catalogue général, renvoyant le lecteur à ce travail pour la synonymie plus complète de chaque forme.

Cette coquille, d'un caractère bien méridional, signalée exclusivement dans les Alpes maritimes, paraît vivre normalement au nord de Lyon. Nous en avions récolté, à différentes reprises, plusieurs individus mort dans les alluvions du Rhône, et sur les bords du fleuve au nord de la ville. Un de nos amis, M. Georges Rouäst en a recueilli, à la fin du moia d'octobre de l'année 1882, plus de vingt-cinq sujets vivants, parfaitements adultes, à Saint-Clair, non loin du lit du Rhône. Ils forment dans cette station une colonie assez dispersée, et qui doit s'étendre jusqu'à la Pape; nous avions trouvé, deux ans auparavant, deux individus morts dans cette dernière station.

Les sujets sont de belle taille, bien caractérisés ; lorsque la coquille est fraîche, l'ouverture est d'un rose tendre qui se détache élégamment sur le fond corné clair du reste du test; malheureusement ces tons délicats disparaissent rapidement, même lorsque la coquille est conservée à l'abri de l'air et de la lumière dans les tiroirs de nos collections.

HELIX CEMENELEA, Risso

Theba cemenelea, Risso, 1826. *Hist. nat. Eur. mérid.*, IV, p. 75, n° 168.
Helix cemenelea, LOCARD, 1882. *Prodr. malac. franç.*, p. 63.

L'*Helix cemenelea* est un peu plus rare dans les environs de Lyon, ou tout au moins son habitat semble plus dispersé. Ce sont surtout des coquilles mortes qui ont été récoltées; on les rencontre sur les deux rives du fleuve au nord de Lyon, jusqu'à Miribel. Nous l'avons retrouvé vivant sur les bords du Rhône, durant l'automne de 1879, dans cette dernière station, et M. Georges Rouäst l'a récolté cette année à Saint-Clair avec l'*Helix rubella.*

Ce sont en général des coquilles d'assez grande taille, mais présentant cependant ce polymorphisme particulier propre à toute colonie en voie d'acclimatation définitive. Ainsi, on trouve des coquilles qui ont jusqu'à 15 millim. de diamètre, alors que d'autres n'en ont que 11 seulement. Quant au galbe, il est bien conforme au véritable type méridional.

On remarquera que l'*Helix cemenelea* a une extension géographique plus grande que l'*Helix rubella.* Il n'est pas comme lui exclusivement cantonné dans les Alpes maritimes. Nous l'avons signalé, d'après divers auteurs, dans le Var, les Bouches-du-Rhône, Vaucluse, l'Hérault, les Pyrénées-Orientales, etc. Dans la vallée du Rhône, nous le connaissions jusqu'à Avignon. Il est probable que de nouvelles recherches le feront retrouver encore dans d'autres stations intermédiaires de la même vallée.

HELIX PUTONIANA, J. Mabille

Helix Putoniana, J. MABILLE, 1878. *in Sched.*— 1880. *In Locard, Et. var. malac.* I, p. 124, pl. III, fig. 13-14.
— LOCARD, 1882. *Prodr. malac. franç.*, p. 64.

Cette petite coquille, qui appartient encore au même groupe que les deux précédentes, paraît vivre accidentellement aux environs de Lyon. Elle a été récoltée à plusieurs reprises dans les alluvions du Rhône et toujours dans les mêmes stations que les *Helix cemenelea* et *H. rubella.* Nous ne croyons pas qu'on l'ait encore trouvée vivante. C'est une forme plus commune dans le Midi. On l'a signalée dans les Alpes-Maritimes et dans Vaucluse.

HELIX ACOSMETA, Bourguignat

Helix acosmeta, BOURGUIGNAT, 1879. — *In Locard*, 1882. *Prodr. malac. franç*, p. 79 et 325.

M. Roy a récolté, au commencement du mois d'octobre 1882, une sixaine d'*Helix acosmeta* vivants, dans une colonie composée d'*H. cespitum* et *H. Mantinica*, à l'octroi de la Mouche, à Lyon. Ils reposaient sous des plantes, non loin des talus du chemin de fer de Lyon à Marseille. Plusieurs n'étaient pas tout à fait adultes et ont été élevés en captivité.

L'*Helix acosmeta*, forme très voisine de l'*Helix neglecta*, dont elle diffère surtout par une taille deux fois plus grande avec un galbe moins conique, vit dans le midi de la France ; en dehors des stations déjà connues de l'Ariège et de la Haute-Garonne, nous pouvons l'indiquer dans le bassin du Rhône, dans les départements du Var, de Vaucluse, du Gard et de l'Hérault.

HELIX NEGLECTA, Draparnaud

Helix neglecta, DRAPARNAUD, 1805. *Hist. moll.*, p. 108, pl. VI, fig. 12-13.
— — LOCARD, 1882. *Prodr. malac. franç.*, p. 97.

L'*Helix neglecta* vit en colonie sur les talus des fossés du chemin de ronde compris entre le cours Lafayette, à Lyon, et le fort de Villeurbanne. Comme nous l'expliquerons plus loin, il se trouve là avec toute une flore méridionale. Ce n'est que cette année que nous en avons constaté la présence. Nous avons pu en récolter un très grand nombre d'individus. Ils se tiennent de préférence dans les parties les plus chaudes, les plus exposées au soleil. En général, leur forme est un peu déprimée ; la taille est moyenne et régulière ; mais le test est un peu plus mince, moins opaque, plus fragile que chez les sujets méridionaux. On peut récolter un assez grand nombre de sous-variétés basées sur la disposition des bandes ornementales. Très souvent, les bandes inférieures sont soudées au moins en partie. Elles sont, du reste, chaudement colorées.

Quoique cette forme ait une réelle analogie avec la précédente, elle n'a pas encore été trouvée à Lyon dans les mêmes stations ; ces deux coquilles semblent constituer des colonies parfaitement distinctes.

Cette coquille essentiellement méridionale, localisée dans le midi de la France, le long du littoral méditerranéen ou au pied de la chaîne des Pyrénées, ne remonte pas à l'est au delà de l'Hérault, et à l'ouest au delà de la Lozère.

HELIX TREPIDULA, Servain

Helix trepidula, SERVAIN, 1880. *Mss.* — *In Coutagne*, 1881. *Not. faune malac. bass. Rhône*, p. 12.
— — LOCARD, 1882. *Prodr. malac. franç.*, p. 97.

Nous avons récolté dans le courant du mois d'octobre de cette année, un grand nombre d'individus de l'*Helix trepidula*, tous vivants avec les

Helix neglecta et *H. lauta*, sur les talus des fossés du chemin de ronde compris entre le cours Lafayette, à Lyon, et le fort de Villeurbanne. Nos plus grands sujets ne dépassent pas 15 millim. de diamètre maximum, pour une hauteur de 8 millim., tandis que la moyenne des individus n'est que de 12 millim. de diamètre pour une hauteur de 7 millim. C'est donc une taille normale, ou tout au moins un peu inférieure, car nous savons qu'il existe dans les Alpes-Maritimes et dans le Var, une variété *major* dont la taille est beaucoup plus forte. Nous ne saurions, du reste, établir de différences entre les échantillons récoltés à Lyon, et ceux que l'on trouve notamment aux Catalans, près de Marseille. Ils ont absolument la même taille, le même galbe, la même coloration. La plupart sont monochromes, quoique quelques-uns portent des traces de bandes d'un fauve très pâle en dessous de la coquille, avec quelques taches flammulées en dessus.

Jusqu'à ce jour, l'*Helix trepidula* paraissait exclusivement cantonné dans les Alpes-Maritimes, le Var et les Bouches-du-Rhône.

HELIX CESPITUM, Draparnaud

Helix cespitum, DRAPARNAUD, 1801. *Tabl. moll.*, p. 92.
— — LOCARD, 1882. *Prodr. malac. franç.*, p. 100.

Un bel individu de l'*Helix cespitum* a été découvert à l'octroi de Lyon, à La Mouche, par M. Roy, au mois d'octobre 1882, vivant sur un buisson servant de clôture à de petits jardins cultivés au pied des talus du chemin de fer. Il a pu y récolter, en même temps, une vingtaine d'autres sujets appartenant à des espèces méridionales, dont quelques-uns n'étaient malheureusement pas complètement adultes, mais pour la détermination desquels aucun doute n'était possible. M. Roy les a élevés chez lui, et nous avons pu constater que son *Helix cespitum* mesurait 24 millim. de diamètre et 15 millim. de hauteur; il atteignait donc la taille ordinaire de l'*Helix cespitum* du midi de la France, du Var et des Alpes-Maritimes.

L'*Helix cespitum* paraît s'acclimater assez facilement, même lorsqu'il est loin de son centre normal. Si dans le sud-est de la France, il n'a pas encore été signalé en dehors des départements des Alpes-Maritimes, du Var, des Bouches-du-Rhône, de Vaucluse, des Basses-Alpes et de l'Hérault, dans l'ouest, nous le voyons remonter depuis les Basses-Pyrénées et la Gironde, jusque dans le Morbihan où sa présence a été reconnue par M. Bourguignat (1).

HELIX MANTINICA, J. Mabille

Helix Mantinica, J. MABILLE, 1881. *In Bull. soc. phil. Paris.*
— — LOCARD, 1882. *Prodr. malac. franç.*, p. 101.

M. Roy a récolté durant l'automne 1882, plusieurs individus d'un *Helix* que nous croyons devoir rapporter à l'*Helix Mantinica* de M. J. Mabille; ils vivaient avec les *Helix acosmeta* et *H. cespitum*. Comparés aux individus que l'on trouve dans le Var, les sujets lyonnais sont un peu plus globuleux; ils semblent passer à l'*Helix Arigoi* (2) tout en ayant cependant les tours de la spire séparés par une suture plus profonde; ils sont moins striés que les véritables *Helix Mantinica*, avec le test un peu plus brillant, la spire moins surbaissée, le dernier tour plus dilaté, et partant l'ouverture plus ovalaire. Mais nous devons dire que ces échantillons, lorsqu'ils ont été recueillis, n'étaient pas adultes, et que l'élevage avec une nourriture et dans un milieu particulier a très bien pu en modifier les caractères. Nous ne voyons aucune forme française avec laquelle ils aient plus d'affinités.

Le type de l'*Helix Mantinica* a été récolté en Corse aux environs de Bastia. Mais nous retrouvons cette même forme dans plusieurs stations du département du Var, où elle n'est pas rare; nous ne pensons pas qu'elle ait été signalée jusqu'à présent dans d'autres départements.

HELIX LAUTA, Lowe

Helix lauta, LOWE, 1831. *Primit. faun. Mader.*, p. 53, pl. V, fig. 9.
— LOCARD, 1882. *Prodr. malac. franç.*, p. 117.

En 1840, Terver avait déjà récolté dans les jardins de la presqu'île de Perrache et aux Étroits, c'est-à-dire dans la partie sud de la ville, quelques rares individus de l'*Helix lauta*, alors confondu avec l'*Helix variabilis* de Draparnaud (3). Depuis lors cette espèce paraissait avoir

(1) Bourguignat, 1860. *Malacologie terrestre et fluviatile de la Bretagne*, p. 58.
(2) *Helix Arigonis*, Rossmässler, 1854. *Iconogr.*, XIII, p. 21, pl. LXVI, f. 823-824.
(3) A. Locard, 1877. *Malacologie lyonnaise, ou descrip. des moll. des env. de Lyon, d'après la collection de A.-P. Terver*, p. 48.

complètement disparu. Malgré toutes les recherches faites pendant plusieurs années par nos amis et par nous, nous n'avions pu retrouver cette coquille. Mais en 1880, nous pûmes en récolter un individu mort, dans la lône Béchevelin, près des talus sud du chemin de fer de Lyon à Marseille. Mais, comme il était absolument unique, nous ne crûmes pas devoir y attacher une grande importance.

L'année suivante, trois ou quatre échantilons morts furent recueillis dans la même station. Enfin, durant l'automne de 1882, tous les malacologistes lyonnais ont pu récolter en grande abondance l'*Helix lauta*, sur toute la rive gauche du Rhône, depuis le parc de la Tête-d'Or, jusqu'au delà du fort de la Vitriolerie, et plus particulièrement sur les talus des fossés des forts et de leurs chemins de ronde. Mais c'est surtout près du cours Lafayette, que la colonie était plus particulièrement populeuse au mois d'octobre 1882.

Comparés aux individus de 1840, certains *Helix lauta* récoltés en 1882, sont absolument identiques ; c'est à croire que la même colonie que l'on croyait perdue, s'est cependant propagée, tout en changeant de quartier, échappant ainsi aux investigations des malacologistes comme aux envahissements des édiles lyonnais, jusqu'au moment où, grâce au peu de rigueur des deux derniers hivers, elle a pu prendre tout à coup un développement considérable.

En présence d'une telle abondance d'individus, dispersés et répartis aujourd'hui sur un parcours de plusieurs kilomètres d'étendue, il est à présumer que l'*Helix lauta* est une forme désormais acclimatée dans nos régions et acquise définitivement à la faune lyonnaise.

L'*Helix lauta* de Lyon est de taille et de forme très variables. Les plus beaux échantillons ont 16 à 20 millim. de diamètre maximum pour une hauteur de 11 à 15 millim. Le plus souvent, lorsque la taille diminue, le galbe général de la coquille devient alors plus élancé, plus conique, sans jamais pourtant arriver à la forme type de l'*Helix variabilis* de Draparnaud (1). Ces variations dans la taille et le galbe s'observent chez des individus vivant sur le même point ; cependant nous devons reconnaître que ceux qui ont été récoltés près du fort de la Vitriolerie avaient une taille plus grande et plus régulière que tous les autres, quelle que soit leur provenance. Quant à la coloration, ce sont les sujets monochromes d'un blanc crétacé ou isabelle qui dominent. A Béchevelin et près du fort

(1) Draparnaud, 1801. *Tabl. Moll.*, p. 73.

de la Vitriolerie, on trouve cependant quelques sujets à bandes colorées.

Au point de vue de la dispersion géographique de cette espèce, rappelons que, dans la vallée du Rhône, elle ne paraissait pas remonter au delà du Gard et de Vaucluse. Mais en suivant le littoral océanique, elle s'est progressivement dispersée depuis la Gironde jusque dans la Loire-Inférieure, le Morbihan, le Finistère, les Côtes-du-Nord, l'Ille-et-Vilaine, etc. Elle s'acclimate, du reste, assez facilement loin de son centre normal. C'est ainsi qu'on la retrouve aujourd'hui aux environs de Paris, dans la Seine, Seine-et-Marne, et dans l'Aisne.

HELIX LINEATA, Olivi

Helix lineata, Olivi, 1799. *Zool. Adriat.*, p. 77.
— — Locard, 1882. *Prodr. malac. franç.*, p. 117.

Nous avons indiqué dans notre *Catalogue des mollusques de l'Ain* (1) le fait de la présence de trois *Helix lineata* morts et bien adultes, récoltés par notre ami M. de Fréminville, dans le parc de son château, à l'Aumusse, près de Mâcon, dans l'Ain, mais sans en expliquer la présence. Depuis cette époque, aucune trouvaille nouvelle n'a été faite à notre connaissance.

HELIX PISANA, Müller

Helix Pisana, Müller, 1774. *Verm. terr. et fluv. hist.*, II, p. 60, n° 255.
— — Locard, 1882. *Prodr. malac. franç.*, p. 118.

Vers 1878, Michaud, le digne continuateur de l'œuvre de Draparnaud, avait récolté sur les talus du chemin de fer, au sud de Lyon, une trentaine d'individus bien adultes de l'*Helix Pisana;* ils vivaient dans un espace assez restreint, sur une pente exposée au midi, au milieu de plantes également méridionales. Depuis lors, quelques individus morts ont été récoltés non loin de là sous les buissons et sous les haies qui bordent les chemins. Mais il ne semble pas que la colonie ait aussi bien prospéré que celle de l'*Helix lauta*.

Les individus récoltés par Michaud étaient de taille moyenne, mais

(1) A. Locard, 1881. *Catal. moll. dép. de l'Ain*, p. 50.

faiblement colorés, sans bandes ni flammules; l'ouverture était à peine rosée intérieurement. Tout semblait faire croire qu'il avaient souffert dans leur développement.

Nous avons tenté à deux reprises différentes d'acclimater l'*Helix Pisana* aux environs de Lyon. Nous devons avouer que ces tentatives ne paraissent pas, jusqu'à présent du moins, avoir été couronnées d'un bien grand succès. Quatre ou cinq cents individus de tout âge ont été mis au printemps de cette année, les uns à la Mouche, dans un jardin clos de murs, non loin de la station où Michaud avait découvert sa colonie, les autres à Oullins, sur une pente de la vallée de l'Iseron bien exposée au midi. Au bout de peu de temps, et dans ces deux stations, les *Helix Pisana* se sont dispersés; et c'est à peine si, cet automne, nous avons pu retrouver quelques rares individus, assez malingres, paraissant fort regretter la mère patrie.

Quant au fait de la disparition complète des mollusques que l'on tente parfois d'acclimater, il n'est point nouveau; nous l'avons déjà constaté (1), mais sans pouvoir lui donner la moindre explication.

La dispersion géographique de l'*Helix Pisana* en France est assez considérable, pour que l'on puisse espérer qu'il s'acclimatera un jour à Lyon. On sait, en effet, que cette coquille vit aujourd'hui sur tout le littoral méditerranéen et océanique. Il vit par milliers, dit M. Bourguignat (2), aux environs de Dinard, dans l'Ille-et-Vilaine. Depuis quelques années, il est acclimaté aux environs de Paris, et a pu supporter les rigueurs du terrible hiver de 1880.

HELIX TROCHOIDES, Poiret

Helix trochoides, POIRET, 1789. *Voy. Barb.*, II, p. 29.
— — LOCARD, 1882. *Prodr. malac. franç.*, p. 121.

Huit échantillons seulement ont été trouvés vers 1876, dans les alluvions du Rhône, sur les digues, entre l'ancien pont de la Boucle et le pont du chemin de fer de Genève (3). Nous avons recueilli depuis cette époque des alluvions à peu près toutes les années, mais sans pouvoir y retrouver cette espèce.

(1) A. Locard, 1881. *Études sur les variations malacologiques*, t. II, p. 143.
(2) Bourguignat, 1860. *Malacologie de la Bretagne*, p. 155.
(3) A. Locard, 1877. *Malac. lyonnaise*, p. 49.

Nous rappellerons que l'*Helix acuta* vit sur tout le littoral méditerranéen, et qu'il n'a jamais été signalé en dehors de cette zone.

HELIX ACUTA, Müller

Helix acuta, Müller, 1776. *Verm. terr. fluv. hist.*, II, p. 100.
— — Locard, 1882. *Prodr. malac. franç.*, p. 122.

Six échantillons de l'*Helix acuta* ont été récoltés à la même époque, et dans les mêmes conditions que l'*Helix trochoides* dont nous venons de parler. Il est probable qu'ils ont dû vivre simultanément. Depuis ce moment, nous n'en avons retrouvé aucun individu.

La dispersion géographique de l'*Helix acuta* est beaucoup plus grande que celle de l'*Helix trochoides*. C'est également une forme particulièrement méridionale, mais s'étendant plus avant dans l'intérieur du continent. Elle est aujourd'hui dispersée sur tout le littoral français. On la trouve, en effet, dans tout le Midi, puis remontant les côtes de l'Océan, jusque dans la Manche. Comme dans la vallée du Rhône, l'*Helix acuta* tendrait à remonter les grands cours d'eau. On le rencontre, en effet, assez loin de la mer, sur les bords de la Garonne et de la Loire, et M. Bourguignat l'a récolté sur les bords de la Seine, à Javel, dans Paris.

FERUSSACIA LOCARDI, Bourguignat

Ferussacia Locardi, Bourguignat, 1880. *In Locard, Études var. malac*, II, p. 251, pl. III, fig. 10.
— — Locard. 1882. *Prodr. malac. franç.*, p. 125.

Cette forme, qui diffère totalement de toutes nos Ferussacies françaises, se rattache par son galbe et ses caractères généraux à l'*Achatina Hohenwarti* de la Dalmatie. Nous en avons récolté deux individus dans les alluvions du Rhône, au nord de Lyon, en 1877. M. Bourguignat les a reconnus identiques à ceux qu'il possédait de la Lombardie. C'est donc bien là encore une forme méridionale introduite dans nos pays. Depuis cette époque, nous n'avons pas retrouvé, ni dans les alluvions ni sur les bords du fleuve, le *Ferussacia Locardi*.

PUPA QUINQUEDENTATA, Born

Turbo quinquedentatus, BORN, 1778. *Mus. Vindobon. testac.*, p. 370.
Pupa quinquedentata, LOCARD, 1882. *Prodr. malac. franç.*, p. 158.

Depuis l'époque où nous avons signalé pour la première fois la présence du *Pupa quinquedentata* aux abords de Lyon dans les alluvions du Rhône (1), nous en avons retrouvé deux individus vivants et bien adultes, un peu au nord de la même station, à la Pape non loin des bords du fleuve. C'est du reste, toujours une forme très rare, peut-être localisée sur quelques points seulement, mais qui jusqu'à présent semble s'acclimater assez difficilement.

Les sujets sont de taille assez petite; mais, quant au reste, ils sont absolument conformes, comme galbe général et comme coloration, à ceux de certaines colonies du midi.

Il est à remarquer, pour cette coquille, que son habitat est aujourd'hui reconnu dans toute la vallée du Rhône. Il a donc pu remonter de proche en proche et se propager depuis le midi jusqu'au nord de Lyon. Nous le connaissons, en effet, dans les Alpes-Maritimes, le Var, les Bouches-du-Rhône, le Gard, Vaucluse, l'Ardèche, la Drôme, l'Isère et le Rhône. Les colonies où on l'a observé dans ces divers départements sont parfois assez distantes les unes des autres; mais néanmoins ce sont en quelque sorte les premiers jalons entre lesquels il sera sans doute possible de trouver plus tard des points intermédiaires.

PUPA MEGACHEILOS, de Cristofori et Jan

Chondrus megacheilos, DE CRISTOFORI ET JAN. 1832. *Catal.*, XII, n° 13.
Pupa megacheilos, LOCARD. 1882. *Prodr. malac. franç.*, p. 159.

Nous ne possédons qu'un seul individu du *Pupa megacheilos*, récolté en 1879 par nous dans les alluvions du Rhône, au nord de Lyon. Il ne mesure que 8 millim. de longueur totale; mais, quant au reste, il est absolument conforme au véritable type italien. C'est, à notre connaissance, le seul sujet qui ait été récolté dans nos régions.

Le *Pupa megacheilos*, en dehors de l'Italie a un habitat fort restreint,

(1) Locard, 1877. *Malacologie lyonnaise*, p. 59.

et toujours exclusivement méridional. Nous ne le connaissons, malgré les citations erronées qui ont pu être faites, que dans le Var, près de Grasse, et au cirque de Gavarnie dans les Hautes-Pyrénées.

PUPA FARINESI, des Moulins

Pupa Farinesi, DES MOULINS, 1835. *Descr. moll., in Soc. Linn. Bord.*, t. VII, p. 156, pl. II, fig. E, 1-3.
— — LOCARD, 1882. *Prodr. malac. franç.*, p. 161.

Il a été trouvé dans les alluvions du Rhône, il y a déjà quelques années, plusieurs individus du *Pupa Farinesi*. Ce fait nous a été confirmé par plusieurs malacologistes de nos amis ; c'est, du reste, une forme rare ; nous n'avons pas été assez heureux pour la récolter jusqu'à ce jour.

La présence du *Pupa Farinesi* dans les alluvions du Rhône n'a, du reste, rien de bien anormal. On sait, en effet, que cette coquille, plus particulièrement abondante dans les Pyrénées, a été signalée sur plusieurs points du département de l'Isère, notamment à la Grande-Chartreuse et aux environs de Grenoble ; mais, dans le Dauphiné, c'est toujours une forme rare, relativement à ses habitats des Pyrénées-Orientales, des Hautes-Pyrénées, de la Lozère, etc.

Voici donc une petite faunule composée de dix-sept espèces faisant normalement partie d'une faune malacologique méridionale, et qui pourtant ont été récoltées aux environs immédiats de Lyon, les unes mortes et le plus souvent en petit nombre, dans les alluvions du Rhône ; les autres parfaitement vivantes et en colonies populeuses. Parfois quelques-unes de ces formes n'ont fait qu'apparaître pour disparaître ensuite rapidement ; d'autres, au contraire, semblent avoir fait souche définitive, et paraissent devoir être désormais acquises à la faune locale.

Sans entrer dans d'inutiles discussions sur le mode de migration des mollusques (1), examinons donc dans quelles conditions générales vivent ces colonies, et cherchons à quelles causes on doit en attribuer la présence.

(1) Pareil sujet a été déjà traité par plusieurs auteurs. Nous croyons devoir renvoyer ceux de nos lecteurs qu'un tel sujet peut intéresser au chapitre V du deuxième vol. de notre travail sur les *Variations malacologiques*.

On remarquera tout d'abord que cette faunule peut être groupée, d'après les divers habitats des mollusques qui la composent, en trois sections correspondant chacune à un milieu différent.

1° *Faunule des bords du Rhône, au nord de Lyon.* — Cette faunule se rapporte à une station comprise entre Saint-Clair et Miribel, et présentant des conditions topographiques toutes spéciales. La vallée du Rhône, qui depuis son embouchure jusqu'à Lyon affecte une direction à peu près constante nord-sud, s'incline, à partir de ce point, suivant une nouvelle direction est-ouest, de telle sorte que les collines qui bordent sa rive droite ont leurs flancs exposés au midi. Les espèces malacologiques méridionales propres à cette région sont :

Helix rubella, Risso.
— *cemenelea*, Risso.
Helix Putoniana, Mabille.
Pupa quinquedentata, Born.

A cette liste, nous pourrons encore ajouter l'*Helix cinctella*, Drap., qui, sans être aussi exclusivement méridionale, vit cependant de préférence dans le Midi, et ne constitue dans le centre de la France que des colonies isolées et généralement peu populeuses.

Mais en même temps, si l'on examine la flore de cette station, on y trouve toute une série de plantes méridionales faisant défaut pour la plupart dans les contrées voisines, et localisées depuis quelques années dans cette région. Notre savant ami M. le Dr Saint-Lager a bien voulu nous en dresser la liste ; ce sont plus particulièrement :

Sinapis incana, Lin.
Cistus salvifolius, Lin.
Helianthemon salicifolium, Pers.
— *canum*, Dun.
— *guttatum*, Mill.
Trifolium Boceoni, Savi.
Trigonella Monspeliaca, Lin.
Valerianella coronata, Cand.
Centaurion solstitiale, Lin.
Cuprina vulgaris, Cass.
Xeranthemon inapertum, Wild.
Linosyris vulgaris, Cass.
Pterothece nemausensis, Cass.
Helminthion echioideum, Gœrtn.
Crepis Nicœensis, Balbis.
Convolvulus Cantabricus, Lin.
Onosma arenarium, W. Kit.
Orchis variegatus, All.
— *papilionaceus*, Lin.
— *fragrans*, Poll.
Phalaris Canariensis, Lin.
Andropogon gryllus, Lin.
Stipa pennata, Lin.
Barbula membranifolia, B. Sch.

En même temps, on trouve également dans la même localité toute une faune entomologique spéciale, dont plusieurs espèces font partie de la faune exclusivement méridionale. Nous citerons notamment, d'après les indications que nous devons à M. l'abbé Carret et à M. Rey les coléoptères suivants :

Cicindela flexuosa, Fabr.
Chlœnius spoliatus, Rossi.
Dinodes rufipes, Dejean.
Acinopus tenebrioides, Duft.
Zabrus piger, Dej.
Bembidium fasciolatum, Duft.
— *eques*, Sturm.
Dytiscus pisanus, Casteln.
Eunectes sticticus, Linné.
Laccophilus variegatus, Germ.
Lathrobium labile, Erichs.
Achenium rufulum, Fairm.
Platysthetus spinosus, Erichs.
Hister inæqualis, Oliv.
Lampra festiva, Linné.
Malachius terminatus, Menetriès.
Henicopus hirtus, Linné.
Denops albofasciatus, Charpy.
Corynetus ruficollis, Oliv.
Lamia funesta, Fabr.
Pachycerus Faldermanni, Fahrs.
Coniatus repandus, Fabr.
Clythra flavicollis, Charp.
Cynandrophthalma nigritarsis, L.
Cryptocephalus fasciatus, Schœff.

En outre de ces coléoptères qui appartiennent, comme on le voit, à une faune essentiellement méridionale, on peut aussi indiquer les espèces suivantes, qui, bien que méridionales également, se rencontrent non seulement entre La Pape et Saint-Clair, mais aussi dans des stations encore plus septentrionales que celles qui nous occupent :

Lionychus quadrillum, Duft.
Necrodes littoralis, Linné.
Deleastes dichrous, Gravenh.
Blemus areolatus, Crentz.
Ateuchus laticollis, Linné.
Triodonta aquila, Mulsant.
Telephorus assimilis, Payk.
Malachius scutellaris, Erichs.
Colotes maculatus, Casteln.
Tarsostenus univittatus, Rossi.
Mylabris geminata, Fabr.
— *variabilis*, Bilb.
Zonitis prœusta, Fabr.
— *sex-maculata*, Oliv.
Epicauta verticalis, Illig.
Sitaris muralis, Forst.
Cryptocephalus imperialis, Fabr.
— *flavescens*, Schn.

Avec les Coléoptères que nous venons d'énumérer, nous pouvons également citer un certain nombre de Lépidoptères tout aussi méridionaux, dont Chenilles et Papillons ont été récoltés dans les mêmes conditions d'habitat, par notre ami M. Georges Rouäst; ce sont :

Lycœna Bœtica, Lin.
— *Telicanus*, Syst. Verz.
Parage œgeria, Lin.
— var. *meone*, Esp.

Deilephila Livornica, Esp.
Zygæna fausta, Lin.
Naclia punctata, Fabr.
Deiopeia pulchella, Lin.
Euprepia pudica, Esp.
Aretia casta, Esp.
Spilosoma luctifera, Syst. Verz.
Cnethocampapityocampa, Syst.V.
Agrotis cos, Hubn.
Cleophana anthirrhinii, Hub.
— *Yvanii*, Drap.
Catocala puerpera, God.
Pellonia calabrariæ, Ent. Stettin.
Eucrostis indigenata, Vill.
Gnophos glaucinaria, Hub.
— *mucidaria*, Hub.
Sterrha sacraria, Lin.

Après une pareille énumération, il n'est donc point surprenant que dans un tel milieu, véritable petite Provence, on trouve des mollusques appartenant également à la faune méridionale.

Comment tout ce monde zoologique et botanique a-t-il été amené du midi dans cette région? Y est-il venu naturellement, de lui-même, émigrant de proche en proche, ou chassé dans sa frêle et légère progéniture par les vents du midi, qui, suivant la vallée du Rhône, viennent battre toute la côtière? Ou bien faut-il admettre que toutes ces formes ont été apportées depuis quelques années seulement par la main inconsciente de l'homme? Nous ne saurions le dire. Mais il est probable que plantes et mollusques ont dû venir en même temps et se développer simultanément, tandis que les insectes au déplacement plus facile ont dû s'établir plus tard dans ce nouvel habitat, trompés sans doute par les apparences d'une flore anormale croissant sous l'influence d'une température plus douce que dans les stations voisines.

C'est probablement dans ce même milieu qu'ont dû vivre les *Helix trochoïdes*, *H. acuta* et *Pupa Farinesi*, etc., que nous retrouvons épars dans les alluvions arrachées par les débordements du fleuve sur ces mêmes rives.

2° *Faunule des talus des fortifications et des chemins de fer.* — Nous avons vu qu'un certain nombre de mollusques du Midi avaient été récoltés soit sur les talus des chemins de ronde des anciennes fortifications établies à l'est de la ville, soit sur les talus du chemin de fer. Ces espèces sont les suivantes :

Helix acosmeta, Bourg.
— *neglecta*, Drap.
— *trepidula*, Serv.
— *cespitum*, Drap.
Helix Mantinica, Mab.
— *lauta*, Lowe.
— *Pisana*, Müller.

Dans cette faunule, les *Helix neglecta*, *H. trepidula* et *H. lauta* ont été trouvés ensemble. Il en est de même des *H. acosmeta*, *H. Mantinica* et *H. cespitum*. Parfois, il est vrai, on trouve des colonies où l'*Helix lauta* vit seul ; ce groupement est assez singulier ; il se manifeste ici tout comme dans la faunule précédente ; l'acclimatation ou tout au moins l'importation des formes méridionales dans nos pays semble avoir toujours porté sur plusieurs espèces à la fois.

Dans les talus du fossé qui borde le chemin de ronde, entre le cours Lafayette et le fort de Villeurbanne, les *Helix neglecta*, *H. trepidula* et *H. lauta* sont en très grande abondance. A la fin du mois d'octobre 1882, nous avons compté 59 individus dans un espace de 1 mètre carré, tout au bord du cours Lafayette, exposé au midi, et comprenant :

37 *Helix lauta ;*
12 — *trepidula ;*
10 — *neglecta.*

C'est, du reste, surtout sur les parties des talus exposées au midi où au couchant que ces mollusques abondent et que les sujets atteignent le plus grand développement. Nous y trouvons en même temps :

Hyalinia lucida, Drap.; sous les pierres, quelques individus morts ; r.
— *nitida*, Müll.; sous les arbrisseaux, au bord de l'eau ; ar.
Succinea putris, Lin.; quelques individus morts ; ar.
Helix aspersa, Müller ; cc.
— *nemoralis*, Linné ; ac.
— *hortensis*, Müller ; un seul individu.
— *plebeia*, Drap.; sous les herbes et sur les arbrisseaux ; ccc.
— *carthusiana*, Müll.; sur les graminées ; ac.
— *loroglossicola*, Mab., *var. minor ;* sous les graminées ; ac.

Mais là encore, dans cette station croît toute une flore méridionale. Dès 1872, M. le Dr Saint-Lager avait pu constater que sur ces mêmes talus un certain nombre de plantes du midi avaient fait invasion. Il publia une note à ce sujet, dans laquelle, après avoir fait l'énumération des plantes méridionales déjà observées dans le domaine de la flore lyonnaise (1), il indiqua les plantes suivantes comme se trouvant plus communément dans cette même station :

(1) Saint-Lager. *Note sur l'introduction de quelques plantes méridionales à Lyon et dans ses environs, in Ann. soc. Bot Lyon*, t. I, Lyon, 1872.

Nigella damascena, Lin.
Reseda alba, Lin.
Raphanis landra, Mor.
Diplotaxis erucoidea, Cand.
Iberis linifolia, Lin.
Glaucion luteum, Scop.
Erodion ciconium, Wild.
— *malacoideum*, Willd.
Trifolium angustifolium, Lin.
— *stellatum*, Lin.
— *resupinatum*, Lin.
Lotos hirsutus, Lin.
Trigonella monspeliaca, Lin.
Centaurion album, Lin.
Urospermon Dalechampianum, D.
Pterothece nemansensis, Cass.
Helminthion echioideum, Gœrtn.
Crysanthemon segetale, Lin.
Anthemis tinctoria, Lin.
Achillios ligusticus, All.
Scolymo shispanicus, Lin.
Hyssops officinalis, Lin.
Amaranton album, Lin.
Phalaris cœrulescens, Desf.
Agrostis verticillata, Vill.
Polypogon monspeliensis, Desf.
Andropogon distachyus, Lin.
Avena barbata, Brot.
Ægilops ovata, Lin.
— *triuncialis*, Lin.

Aujourd'hui encore, on retrouve la plupart de ces mêmes plantes. Elles sont donc définitivement acclimatées, tout comme nos mollusques.

Nous devons avouer malheureusement que, lorsque M. le Dr Saint-Lager découvrit pour la première fois la présence de cette flore, aucune observation malacologique ne fut faite, de telle sorte que nous ne pouvons dire si cette acclimatation des plantes et des mollusques a été simultanée ou successive. Quoi qu'il en soit, relativement aux plantes, on peut en expliquer la présence, d'une part, par le voisinage de la gare de chargement et de déchargement de marchandises de toutes provenances, et, d'autre part, par la proximité des grands magasins de fourrage des casernes de cavalerie de la Part-Dieu. Les wagons du chemin de fer viennent jusqu'au pied même des talus; ils ont donc très bien pu servir de véhicule à cette flore comme à cette faune. En outre, il suffira de rappeler que, lors de la guerre de 1870-71, il fut fait, précisément dans ce quartier, des approvisionnements considérables de fourrages du Midi. C'est là, sans doute, qu'il faut rechercher la cause première de cette importation; de telle sorte que probablement faune et flore ont été introduites ensemble, à la même époque.

Durant les premières années, les mollusques du Midi ont dû rechercher de préférence les plantes méridionales; mais aujourd'hui que l'acclimatation est aussi complète que possible, ils vivent indistinctement, aussi bien sur ces plantes que sur celles de nos pays. En même temps, nous voyons l'*Helix plebeia*, forme particulière à nos régions, vivre à la fois sur les plantes de nos pays ou sur celles du Midi. De tels faits semblent bien prouver que l'acclimatation des mollusques est déjà bien ancienne.

Mais, il est une plante que l'*Helix lauta* semble plus particulièrement affectionner : c'est l'*Helodea canadensis*, Michx. ; cette plante aquatique envahit les fossés ; souvent les enfants l'arrachent avec des rateaux pour y prendre de rares petits poissons qui s'enchevêtrent à travers ses innombrables tiges ; les plantes, rejetées sur les bords, finissent par pourrir ; c'est à ce moment que l'*Helix lauta* vient en sucer les petites feuilles. Ajoutons que dans ces mêmes lieux, on trouve les *Dytiscus pisanus* Cast., *Eunectes sticticus* Lin., *Laccophilus variegatus* Germ., insectes hydrocanthares propres à la région méditerranéenne, acclimatés dans nos pays.

Quant aux *Helix acosmeta*, *H. Mantinica*, *H. cespitum* et *H. Pisana*, récoltés ensemble au pied des talus du chemin de fer, ils ne vivent pas avec une flore méridionale aussi nettement caractérisée. Du reste, leur acclimatation ne paraît pas aussi définitive que celle des espèces dont nous venons de parler. On trouve bien, il est vrai, non loin de leur habitat, des *Salsola Kali* Lin., et *Psoralion bituminosume* Lin., plantes méridionales récemment importées à Lyon ; mais les mollusques récoltés dans cette station vivent sur des arbrisseaux et des plantes basses du pays.

Relativement à ces dernières espèces, nous sommes porté à croire qu'elles ont dû, comme nous l'avons déjà rapporté à propos de l'*Helix Pisana* (1), être introduites à Lyon avec des légumes provenant du Midi, dont nos maraîchers des environs font emplette pour les revendre ensuite avec leurs propres légumes sur les marchés de la ville.

3° *Faunule des alluvions.* — Disons d'abord que la faune alluviale de la Saône est à peu près nulle. C'est tout au plus si on peut lui attribuer l'*Helix lineata* trouvé à l'Aumusse. La faune alluviale du Rhône est beaucoup plus riche ; nous y avons récolté les espèces méridionales suivantes :

Helix rubella, Risso.
— *cemenelea*, Risso.
— *Putoniana*, Mab.
— *trochoides*, Poiret.
Helix acuta, Müll.
Ferussacia Locardi, Bourg.
Pupa megacheilos, Crist.
— *Farinesi*, Des Moul.

Les indications fournies par une telle faunule sont fort restreintes. Il est, en effet, bien difficile, même après l'étude topographique des bords du

(1) A. Locard, 1881. *Études sur les variations malacologiques*, t. II, p. 130.

fleuve et de la direction de ses courants, de se rendre un compte bien exact du point où ces mollusques ont vécu avant d'avoir été entraînés. De tels transports peuvent s'effectuer sur de grandes distances ; nous voyons, par exemple, qu'après des inondations, ou simplement un grossissement du Rhône, on retrouve au sud de Lyon, les mêmes alluvions qu'au nord de la ville, c'est-à-dire après un parcours de plusieurs kilomètres à travers des quais ou des digues, où nos mollusques ne sauraient vivre normalement.

Nous estimons qu'avec les *Helix rubella* et *H. cemenelea* ont dû vivre les *Helix Putoniana*, *H. trochoides* et *H. acuta*. Le *Pupa Farinesi* a pu être apporté du département de l'Isère où nous savons qu'il est acclimaté. Quant au *Ferussacia Locardi* et *Pupa megacheilos*, deux formes plus particulièrement italiennes, leur présence dans les alluvions du Lyonnais est plus difficile à expliquer.

En résumé, de telles anomalies dans la répartition géographique de la faune malacologique française semblent faites pour dérouter les naturalistes en contredisant les lois générales jusqu'alors admises. Il semblerait, en voyant de tels faits, qu'il n'y a plus d'area pour les faunes, et qu'un jour doit venir où faunes septentrionales et méridionales seront toutes confondues.

Ce serait une grave erreur de croire qu'il en est ainsi. En effet, ces prétendues anomalies nous permettent de tirer quelques conclusions sinon bien nouvelles, du moins assez précises.

Nous voyons d'après ce qui précède qu'un certain nombre d'espèces méridionales ou méditerranéennes tendent d'une part, à remonter vers le nord, jusqu'à une certaine limite, mais toujours en suivant le littoral océanique. Tels sont, par exemple, les *Helix cespitum*, *H. enhalia*, *H. Pisana*, *H. lineata*, *H. lauta*, *H. variabilis*, *H. sphærita*, *acuta*, etc.

D'autre part, un certain nombre de ces espèces subcosmopolites tendent également à remonter les grands cours d'eau qui aboutissent à la mer, quelle qu'en soit la direction. Nous venons de voir ce qui se passait pour la vallée du Rhône, il en est absolument de même pour les grandes vallées de la Garonne, de la Loire, de la Seine, etc. Mais, dans cette extension littorale des mollusques, qui passent ainsi de la méditerranée à la Manche, il paraîtrait, jusqu'à présent du moins, que toutes ces espèces s'arrêtent précisément à cette même vallée de la Seine, qu'ils peuvent remonter, mais qu'ils ne sauraient franchir pour s'étendre au delà du littoral de la Manche.

Une autre conclusion qui semble découler de tout ce que nous venons de voir, c'est la parfaite similitude qui existe entre les phénomènes migratoires propres aux mollusques et ceux propres aux végétaux. De part et d'autre, nous observons les mêmes faits; plantes et bêtes émigrent ensemble. C'est là une grande loi de corrélation entre le monde animal et le monde végétal que nous laissons à d'autres, plus expérimentés que nous sur un tel sujet, le soin de confirmer encore par de nouveaux exemples.

FIN

LYON. — IMPRIMERIE PITRAT AINÉ, RUE GENTIL, 4

Extrait des *Annales de la Société Linnéenne de Lyon*
tome XXIX, année 1882